你观察过毛毛虫羽化成蝴蝶的过程吗？

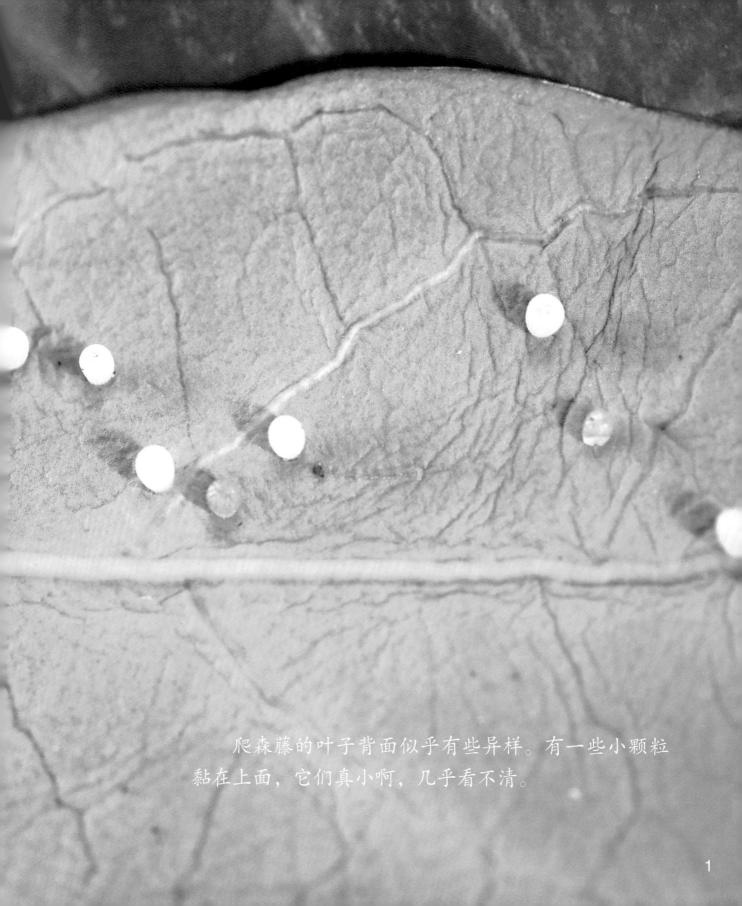

爬森藤的叶子背面似乎有些异样。有一些小颗粒黏在上面，它们真小啊，几乎看不清。

放大来看看，原来是一些椭圆形的小球。这些小球微微闪动着光泽，上面还有细小的花纹。这些小球是什么呢？

原来，它们是大帛斑蝶的卵。

3天过去了，椭圆形的小球似乎有了变化，里面多了一些黑色的斑点。

突然，小球靠近顶部的地方破了一个小洞，一个黑黑亮亮的小脑袋探了出来，原来是大帛斑蝶的幼虫。

扫码观看

幼虫破壳

这个小家伙有一个圆圆的、硬壳状的头部，上面还长着细细的刺毛。头的两侧各有6个圆圆的小凸起，那是它的单眼。它的嘴在头的下部，长着发达有力的上颚。

小家伙的第一餐往往是它的卵壳，
就是那个孵化出它的小球的外壳。

扫码观看

幼虫的第一餐

小家伙离开了卵壳，这时我们可以看清它的身体了。它的身体软软的，呈一节一节的圆柱形，有一圈一圈黄色的纹路，所以整个身体是黄白相间的。最有意思的是，它的身上有几个成对的咖啡色凸起，3对长在背部，1对长在尾部。

幼虫开始探索新的世界，这片绿色的叶子就是它活动的场所。

这时我们可以看清它的足了。它的胸部有3节，长有3对黑色的、尖尖的足，它还长有5对与身体颜色相近的腹足。这些足相互配合，帮它牢牢地抓住叶子。

而且，它还有第二重保障。注意到它尾部那些白色的丝了吗？这些丝具有黏性，即便不小心失足掉落，也可以帮它挂在叶子上。

扫码观看

2龄虫的外
观与进食

2天后的早晨，幼虫好像有了变化。黄色的花纹变成了褐色，身体也变大了一些。原来，它悄悄地完成了自己的第一次蜕皮。

这次蜕皮好像让它的胃口变好了，它努力地吃着叶子，汲取营养。

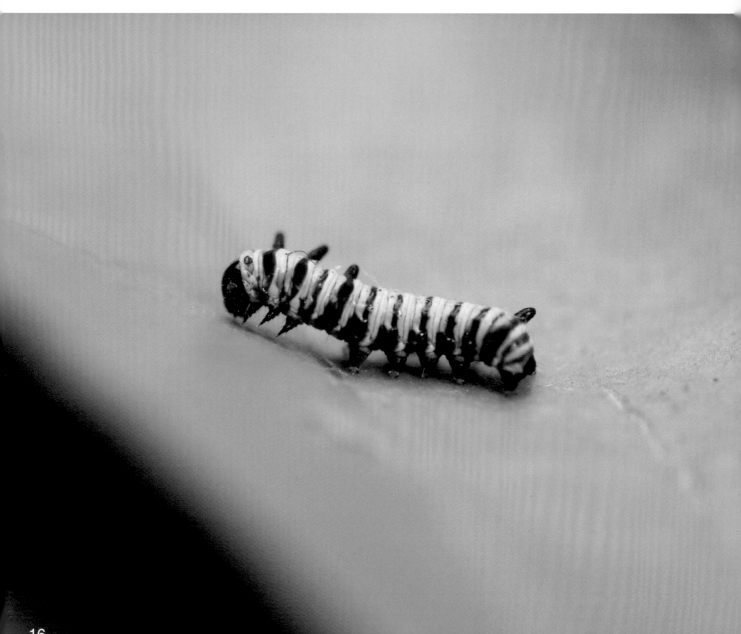

就这样，3天之后，它迎来了自己的第2次蜕皮；又过了3天，它进行了第3次蜕皮；又过了5天，第4次蜕皮完成。

扫码观看
蜕皮

经过 4 次蜕皮，这时的它比刚
出壳时大了很多很多，成了一只长
相奇特的肉虫子。

扫码观看

5 龄虫的外观

它"咔嚓""咔嚓"地吃着叶子，有力的上颚像两把小镰刀。

5龄虫进食

扫码观看

化蛹前的准备

就这样吃啊吃，5天后，它突然停止了进食，胖乎乎的身体变浅了，好像被水泡过一样。它爬来爬去，这是要干什么呢？

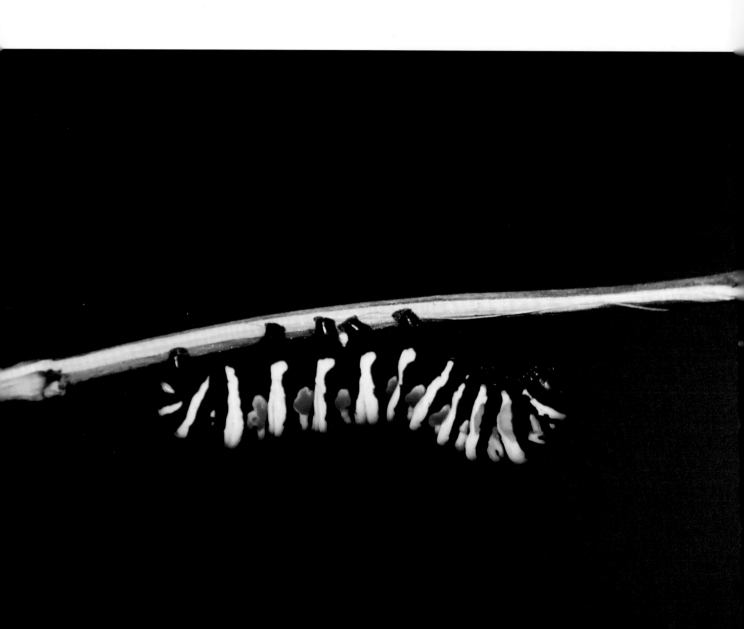

它探头探脑，左寻右找，最后，找到一根枯枝。它吐出一小片丝黏在枯枝上，然后把尾部固定在这片丝上，就这样头朝下悬在空中。原来，它要化蛹了！

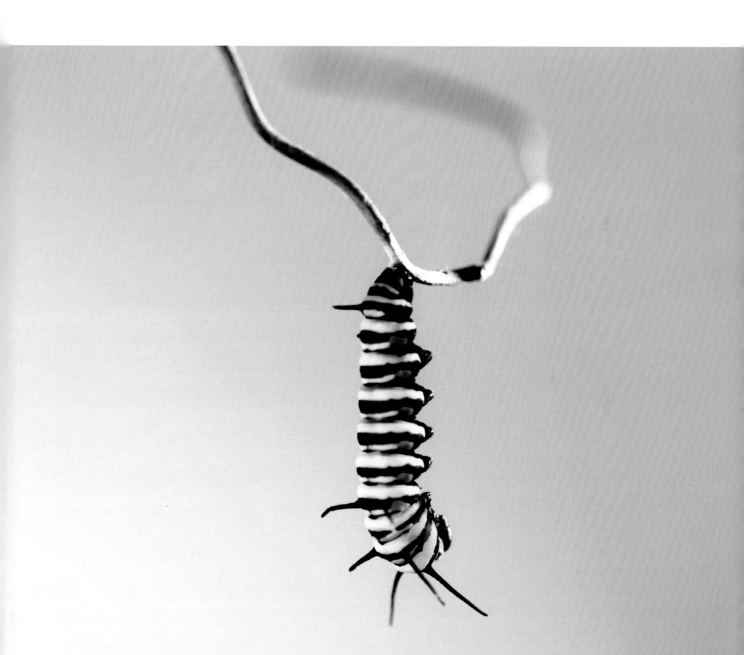

它又完成了一次蜕皮，变成
了一只黄色的、胖胖的虫子。

扫码观看

化蛹

几个小时过去了，它变成了一个金黄色的、上面带有黑色斑点的蛹！

扫码观看

羽化

2个星期过去了，这只蛹的壳逐渐褪去金黄色，变得干燥而透明。仔细看，你发现了吗？里面有什么在动，好像是一只虫子。

蛹的背部裂开了，看看是什么爬了出来？原来是一只蝴蝶！

那只长相奇怪的肉虫子，竟然羽化成了
一只美丽的蝴蝶。

　　和之前的幼虫相比，这只蝴蝶看起来像是完全不同的物种。它的头不再是黑色的硬壳状了，上面长出了细细的绒毛，最突出的是两只大大的复眼。头顶上长着两只很细、很长的触角。它的嘴也有了明显的变化，像一个盘曲的发条。

它的身体不再是一个长长的圆柱体，胸部和腹部有了明显的分界，像是细细的腰肢。它的身体整体上是灰白色的，有黑色的花纹延伸到腹部尽头。胸部的背面长有两对大大的翅膀。

它的胸部长有 3 对足，第 1 对足靠近头部，已经退化了，后 2 对是又细又长，还有分节。

它的腹部看上去软软的，一节一节的，有点幼虫时的影子；体侧还排列着黑色的小斑点，这是它的气孔，是用来呼吸的。

它那 2 对醒目的翅真不小，完全展开足有 13 厘米长。前面的 2 片翅呈三角形，后面 2 片呈水滴形，上面有黑白色的纹路和斑点。在翅的边缘，分布着一圈白色的斑点，所以它叫大帛斑蝶，也叫大白斑蝶。

又过去了 4 个小时，大帛斑蝶休息够了，开始自己的第一次飞行。这两对大大的翅是它飞行的重要工具。

你观察过蝴蝶飞行的姿态吗？看这几只大帛斑蝶，虽然这是它们第一次飞行，但是，它们很快就掌握了飞行的技能。

你看，大帛斑蝶的翅相较于身体是多么巨大，但是却非常薄，分量很轻。翅长在胸部，上面一条条从根部延伸出的条纹是翅脉，翅脉就像翅上的骨架。只需轻轻扇动，大帛斑蝶就能够利用气流飞起来了。

大帛斑蝶飞翔的姿态缓慢而优雅，时而腾挪翻转，时而振翅滑翔，几乎从不沿着平缓的路径飞行，就像一朵朵美丽的花在空中飞舞，难怪会被称为"花丛中的精灵"。

羽化的第 2 天，大帛斑蝶要出去觅食了。它最爱的食物是花蜜，花蜜是植物分泌的汁液，含有糖分，营养丰富。蝴蝶对颜色很敏感，五颜六色的花朵很容易吸引它们的注意。飞翔时，蝴蝶的触角伸在前面，这两只细长的触角有着非常敏锐的嗅觉，能够帮助蝴蝶发现食物，还能帮助蝴蝶在飞翔时保持平衡。

你知道吗？蝴蝶的味觉器官主要是在脚上，当它们发现花朵后，一落脚就能感知花蜜的味道。它那原本盘曲着的嘴伸展开，成了一根细长的吸管，这根吸管比它的腿还要长，伸入花朵中一探一探地吸食花蜜。

此后的三四天，大帛斑蝶每天都要到花朵上吸食好几次花蜜，为它们一生中最重要的工作——繁衍后代做好准备。

　　一只雌性的大帛斑蝶，在羽化后的第 6 天，几只雄蝶开始追逐它，它接受了其中一只的追求，它们在树枝上交配了。

　　第 2 天，它选定了一株爬森藤，开始在叶片的背面产卵。四五天后，一群新生的大帛斑蝶幼虫就要破壳而出了。一个多月的时间，晶莹微小的卵长成了美丽的蝴蝶，飞舞在花丛中。

蜗牛的
一生

单举芝◎丛书主编

卢天祥◎文

李 琳 陈 思◎摄影

中国环境出版集团

图书在版编目（CIP）数据

一生.蜗牛的一生/单举芝主编.—— 北京：中国环
境出版集团,2022.9
ISBN 978-7-5111-4917-6

Ⅰ.①一… Ⅱ.①单… Ⅲ.①动物—儿童读物②蜗牛
—儿童读物 Ⅳ.① Q95-49 ② Q959.212-49

中国版本图书馆 CIP 数据核字 (2021) 第 201891 号

出 版 人 武德凯
出版统筹 赵惠芬
项目指导 刘海金 张 帆
视觉指导 李 易
责任编辑 田 怡
责任校对 薄军霞
装帧设计 光大印艺

出版发行 中国环境出版集团
（100062 北京市东城区广渠门内大街 16 号）
网 址：http://www.cesp.com.cn
电子邮箱：bjgl@cesp.com.cn
联系电话：010-67112765（编辑管理部）
010-67175507（第六分社）
发行热线：010-67125803，010-67113405（传真）
印 刷 玖龙（天津）印刷有限公司
经 销 各地新华书店
版 次 2022 年 9 月第 1 版
印 次 2022 年 9 月第 1 次印刷
开 本 787×1092 1/16
印 张 2.5
字 数 30 千字
定 价 118 元（全 5 册）

中国环境出版集团郑重承诺：
中国环境出版集团合作的印刷单位、材料单位均具有中国环境标志产品认证。

你观察过蜗牛的爬行、进食、排泄吗？

夏天来了，刚刚结束的一场小雨带来了潮湿、凉爽的空气。一只小蜗牛顺着牵牛花的茎爬着。

小蜗牛慢慢地爬上了一朵牵牛花的花苞，两只长长的触角轻轻摆动着，似乎在寻找什么。

扫码观看

蜗牛的身体结构

　　小蜗牛蠕动着柔软的身体。它的身体并不光滑，有些疙疙瘩瘩，还湿湿黏黏的。它背着一个黄褐色的硬壳，硬壳上有着螺旋形的花纹。

蜗牛头上长着两对触角，其中一对长长的，上面有两个深色的小圆点，那是蜗牛的眼睛，可是，蜗牛的视力并不好，只能感受到光的明暗，看不清事物；另一对短短的，是蜗牛的鼻子，可以帮助蜗牛寻找食物。

扫码观看

蜗牛的运动

蜗牛爬行的时候总是不慌不忙的。看这只大一些的蜗牛，它的腹部长着扁平的腹足。爬行的时候，腹足紧紧地贴在它经过的物体上，肌肉像波浪一样运动着。蜗牛身体上的黏液可以起到润滑的作用，帮助它在粗糙的物体上顺利地移动。

我们把蜗牛放在透明的玻璃板上，从玻璃板下方可以清晰地看到它的腹足。

扫码观看

蜗牛进食

这只大一些的蜗牛慢悠悠地爬着，两只长长的触角左探探、右探探；两只短短的触角也没闲着，伸伸缩缩。它发现了一棵小嫩芽，停了下来，这可是它的美食。

蜗牛最喜欢绿色的植物，尤其喜欢鲜嫩多汁的幼芽。看，这水嫩嫩的幼芽多么美味啊！它张开头部下面小小的嘴，不紧不慢地吃了起来。

吃饱了，要拉尼尼了。看，蜗牛从这个小孔里拉出了尼尼，这个小孔就是它的排泄孔。最有意思的是，它吃下什么颜色的食物，就会拉出什么颜色的尼尼。像这只蜗牛，因为吃了草莓，所以拉出了红色的尼尼。

扫码观看
蜗牛的排泄

在排泄孔旁边，还有一个小孔一开一合的，这其实是蜗牛的呼吸孔，它就是靠这个小孔来呼吸的。

扫码观看

蜗牛的呼吸

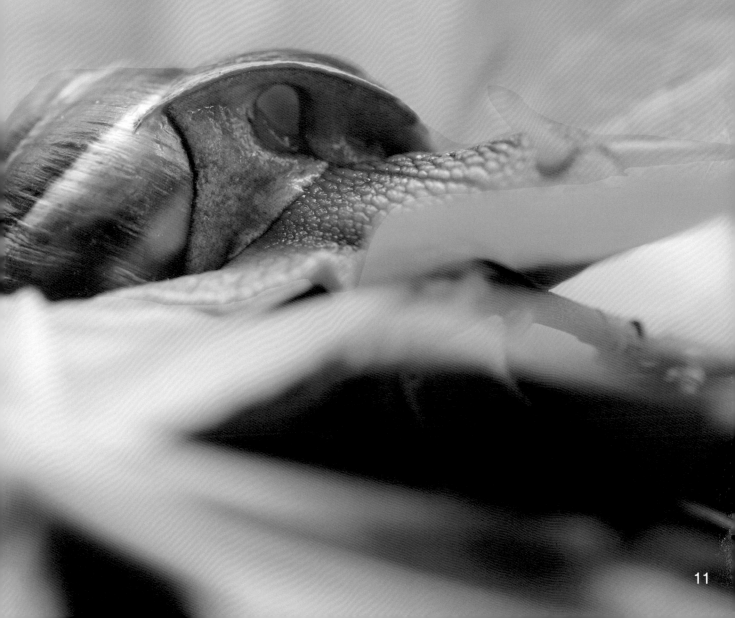

雨水浸润了大地，湿润的土壤中富含腐殖质，这是蜗牛最喜欢的环境。

在湿润的土壤上，一只蜗牛慢悠悠地爬着，它那短短的小触角似乎嗅到了什么味道。

原来，不远处有另外一只蜗牛出现了。

15

它们相遇了。两只没有听力，视力也很不好的蜗牛，通过嗅觉找到了彼此。它们用触角相互接触，嗯，感觉不错。于是它们开始了交配。

扫码观看

蜗牛的交配

蜗牛是雌雄同体的动物。
受精后，它们都可以产卵。

蜗牛的"恋矢"

　　在交配之前，蜗牛
会用尖锐的、沾满黏液
的"恋矢"刺向对方。
"恋矢"上带有一种荷
尔蒙，能够刺激"伴侣"
接受精子，确保孕育出
下一代。

20

交配过后，它们各奔东西。它们吃啊吃，为产卵积蓄营养。10天过去了，其中一只蜗牛找到了一片绿色植物下面的湿软土地，开始用柔软的身体挖洞。它要产卵了。

蜗牛产1枚卵大概需要1分钟的时间。产完1枚，休息几分钟，再产1枚，然后再休息一会儿。就这样，蜗牛慢慢地产下大约200枚卵，这用了它整整一天的时间。

这些卵被它产在地面下不到 1 厘米的地方。

看，小小的蜗牛卵直径只有两三毫米，圆滚滚的，包裹着透明的黏液。卵是浅黄色的，表面并不光滑，像磨砂玻璃一样。

时间一天天过去，这些卵发生了一些变化，原本包裹着它们的黏液干了，表面显得更不光滑了。卵里的新生命慢慢活动了起来。

扫码观看

蜗牛的孵化

距离蜗牛产卵已经过去了 1 个月，一枚卵上突然出现了一个小洞。

卵壳里的小家伙已经蠢蠢欲动了。小洞变大了，一只小蜗牛的壳露了出来。

它蠕动着身体，顶破卵壳，我们可以看清它了，真可爱啊，乳白色的身体像果冻一样，壳是浅褐色、半透明的。

它探头探脑，找到破壳的边缘，开始
吃它的第一顿饭——自己的卵壳。

吃得差不多了，它慢慢伸出乳白色的触
角，摸索着爬行。

越来越多的小蜗牛从卵中爬了出来，每一个都背着小小的壳。蜗牛的壳有极为重要的作用，就像一间精巧的小房子，可以保护蜗牛柔软的身体。

幼年蜗牛

蜗牛的壳是它一生的房子。随着蜗牛不断长大，以螺旋方式生长的壳也一层一层地增加。我们来对比一下幼年蜗牛和成年蜗牛的壳吧。

　　你看，成年蜗牛的壳是黄褐色的，已经不再是半透明状，螺旋的圈数也比幼年蜗牛多了。

成年蜗牛

小蜗牛们爬上一片树叶休息。透过半透明的壳，我们隐约能够看到它们的内脏。

休息了一会儿，它们慢慢探出头，爬走了。

　　一只小蜗牛找到一片嫩叶，张开嘴一口一口地吃起来。小蜗牛刚刚出生就会自己爬动，寻找食物，不需要妈妈的照顾。但这时的它还很脆弱，对外界的适应能力很差，不过它的生长速度很快，为了尽快长大，它努力地吃着。

你知道蜜蜂家族都有哪些成员吗?

　　七月的一天，金黄的向日葵展现出了最绚烂的色彩。几只小蜜蜂飞过来，开始在花朵上采蜜，过了一会儿，它们又急匆匆地飞走了。

扫码观看

侦察蜂回来了

1

　　飞行了大约 1.5 千米，它们回到了自己的巢穴。在这里，密密麻麻的都是它们的家人，大约有上万只。

这些小家伙大约有1厘米长，是黄褐色的，身上长满了绒毛，连眼睛周围都长着绒毛。它们的身体分为头、胸、腹3个部分。

扫码观看

蜜蜂的身体结构

从正前方这个角度来观察，它们的头部大体为三角形，是它们取食与感觉的中心。在头部的正中间有一对打着弯的触角。

蜜蜂头部两侧各有一只大大的复眼，复眼是由数千只小眼组成的，它们占据了头的主要部分。

仔细看，在两只大大的复眼之间还有三个亮晶晶的、排成三角形的小圆点，这是蜜蜂的单眼。

复眼

单眼

这是蜜蜂的口器，也就是它的嘴，科学名词为咀嚼式口器，既能吃花粉，也能吸花蜜。图片是蜜蜂在吸食花蜜，口器的下颚与下唇伸出时的情景。在不吸食花蜜时，蜜蜂会把下颚与下唇折弯藏在头下。

胸部是蜜蜂的运动中心，生长有 3 对足和 2 对翅。看，它的后足明显比前足和中足粗壮。

蜜蜂的翅像一层透明的薄膜，上面有细细的纹路，这是它的翅脉，起到支撑翅、增加强度的作用。它的翅是对称的，一对在前一对在后，一对大一对小，几乎覆盖了它的腹部。

蜜蜂的腹部近似椭圆形，是一节一节的，黄褐色和黑色相间。最末端小小的、尖尖的，这里会伸出它自卫的武器——螫针。

螫针

刚刚飞回来的几只小蜜蜂带回了蜜源的信息。它们是这个家族的侦察蜂。

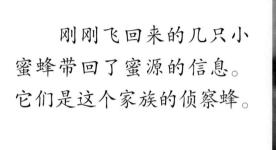

这只小蜜蜂嘴边挂着它采回来的花蜜，周围的同伴会吸走这些花蜜。

收到信息的小蜜蜂们立即准备出发。出发
前，它们要做一件很重要的准备工作——把自
己的触角梳理干净。

扫码观看

蜜蜂的飞行

梳理好触角，这些小蜜蜂"嗡嗡"地飞走了，开始忙碌的采蜜工作。

蜜蜂长着不大的翅，但它却具有很强的飞行能力，匀速、加速、变速、悬停，各种各样的姿态都能轻松完成。

很快，小蜜蜂们来到了这片花田，开始
它们的工作——采蜜、收集花粉。

花田中不仅有向日葵，还有很多其他的花朵。
这只小蜜蜂选择了其中一朵盛放的花。

扫码观看

采蜜

花蜜是由花朵的蜜腺分泌的，含有矿物质和芳香物质等，是一种甜甜的溶液。

它伸出自己的口器，这个只有几毫米长的小小器官却有着复杂的结构：一对左右对称刀斧状的上颚，能够咀嚼固体花粉和建筑蜂巢；延长的下唇、下颚和舌组成细长的小管，可以吮吸花蜜。

蜜蜂将口器中的小管沿雄蕊底部插入，吸取花蜜。

那么，采到的花蜜就这样都被小蜜蜂吃了吗？当然不是，在小蜜蜂的身体里有两个胃，一个叫蜜胃，专门用来储存花蜜；另一个叫真胃，在这里会消化部分满足自己生存需要的花蜜，其他的都会存在蜜胃中带回巢穴。

除了采集花蜜，小蜜蜂在花冠上爬来爬去，
身上粘上了很多雄蕊上的花粉。现在你知道它
身上这些绒毛的作用了吧。

扫码观看

收集花粉

19

还记得我们观察过蜜蜂的足吗？蜜蜂的后足格外粗壮，在外侧有一条凹槽，周围长着又长又密的绒毛，组成一个"花粉筐"，这是它采集花粉的好帮手。因此，这样的后足就被称为携粉足。

小蜜蜂会把花粉存放在"花粉筐"里，带回蜂巢。

这只小蜜蜂带着满肚子的花蜜和 2 个大大的花粉团开始返程。回程的路上，小蜜蜂一边飞一边用口水里的转化酶酿蜜。

扫码观看

酿蜜

　　小蜜蜂到达蜂巢后，酿蜜的工作还没有完成。它将蜜液传递给蜂巢中负责酿造蜂蜜的小蜜蜂，由它们继续酿蜜。

23

花蜜中有很多的水分，小蜜蜂不断吞吐蜜液，使蜜液变得浓稠。同时，大家一起扇动翅膀来加快水分的蒸发。

　　小蜜蜂会将浓缩好的蜜液储存到蜂房中，用一层蜂蜡将蜂房封上。蜜液在蜂房内进一步转化，直至成为金黄的、浓稠的蜂蜜。

这些蜂蜜是这个蜜蜂族群生存的主要食物来源。特别是在寒冷的季节，花朵不再开放，它们不能外出采蜜的时候，整个族群的延续就要靠这些储存的蜂蜜了。

别忘了，还有那两个黄色的花粉团呢。回到蜂巢后，小蜜蜂会找一个空的蜂房，把花粉团卸下来，然后掺上一点蜜液和水，搓成一个个花粉球，这是小蜜蜂们平常吃的食物。

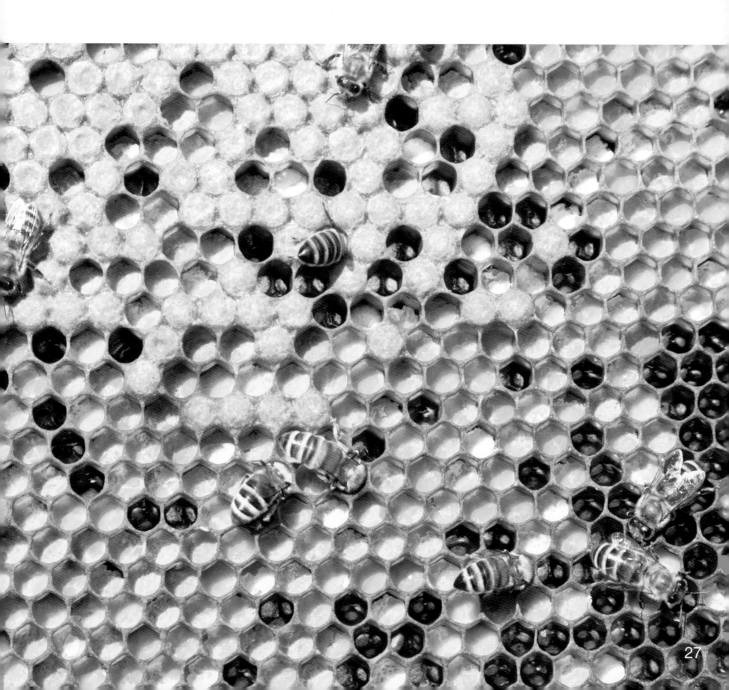

现在，我们来看看小蜜蜂的家吧。看，一个个小小的六边形紧紧地挨在一起，每一个六边形就是一个小房间的入口。

小蜜蜂们有的在往蜂巢里运送蜜液，有的在放置花粉，有的在酿蜜，有的在打扫卫生，还有的在喂养小宝宝。它们是蜜蜂大家族中数量最多的工蜂，负责大部分的工作，而它们的工作种类会随着年龄变化。

　　你看，这是负责喂养蜜蜂宝宝的工蜂，我们叫它保育蜂，是刚刚羽化、最年轻的工蜂。除了喂养蜜蜂宝宝，它们还会承担巢内保温或散热通风、清理巢房、调制蜂蜜等工作。

工蜂羽化 10 天后，腹部的蜡腺开始分泌蜂蜡，蜂蜡被用于修建蜂巢。羽化 10~20 天后，保育蜂会开始重复好几次认巢飞翔，成为筑巢蜂。

筑巢蜂主要负责修建蜂巢和酿制蜂蜜，还会从事夯实花粉、守卫蜂巢等工作。除此之外，它们会清扫蜂巢中的垃圾和死蜂，有时也会外出采蜜。

而我们最早看到的主要负责采蜜、收集花粉的是采蜜蜂。它们主要是羽化 20 天以上的壮年工蜂。

　　一天天努力地工作，它们身上的绒毛磨损了，进入了老龄期，这时，它们将开始承担寻找蜜源和采集水分的工作。

工蜂的平均寿命只有 40 天左右，从羽化的那一天开始，它们就承担起整个家族的大部分工作，辛苦忙碌着，直到生命终止。

除了工蜂，蜜蜂家族中还有谁呢？还有蜂王（蜂后）和雄蜂。它们负责为蜜蜂家族繁衍后代。

看，中间这只明显大一些的就是蜂王。一个蜂巢一般只有一只蜂王，它的身体比工蜂要长一些，特别是腹部。它的翅只能盖住腹部的一半，后足可没工蜂那么粗壮，身上也没有"花粉筐"、蜡腺。它不需要"劳动"，生活完全由工蜂照顾。蜂王的寿命比工蜂要长多了，可以达到3~5年。

这是雄蜂，它的体型比较粗壮，身体的颜色比工蜂要深一些。它的复眼比工蜂和蜂王的都要大。它的腿又短又粗，身上没有"花粉筐"、螫针、蜡腺，因为它唯一的工作就是与蜂王交配，繁殖后代。

　　在蜜蜂家族中，雄蜂的数量从几百到上千只不等。在风和日丽的天气，它们会飞到空中寻找蜂王进行交配。和蜂王交配过的雄蜂，不久后就会死亡。

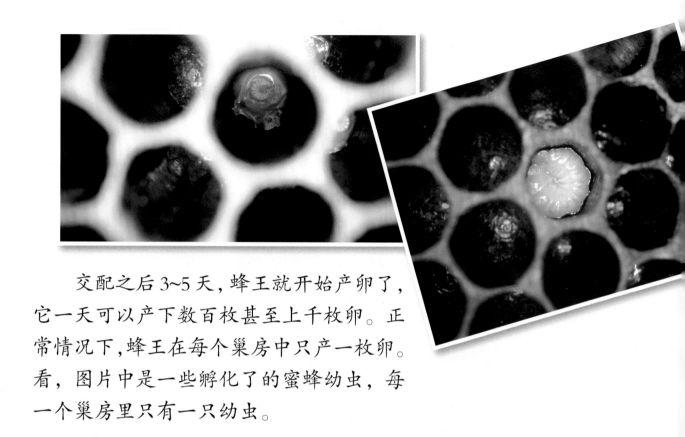

　　交配之后 3~5 天，蜂王就开始产卵了，它一天可以产下数百枚甚至上千枚卵。正常情况下，蜂王在每个巢房中只产一枚卵。看，图片中是一些孵化了的蜜蜂幼虫，每一个巢房里只有一只幼虫。

扫码观看

蜜蜂诞生了

　　在较小的巢房中被产下的受精卵，会发育成工蜂，而在较大的巢房中被产下的是未受精的卵，会发育成体型稍大一些的雄蜂。经过20多天的发育，小蜜蜂就会从巢房中钻出来，各司其职地开始工作了。

你知道蝉的幼虫生活在哪里吗？
雄蝉和雌蝉应该怎么区分呢？

　　六月的一天，大树旁的土地上出现了一个小圆孔，小圆孔的直径差不多 2 厘米。

仔细看，小圆孔中似乎有什么东西在动。

原来是只棕色的虫子。

这是蝉的若虫，也就是蝉的幼期。而这个小孔就是它离开土地的出口。

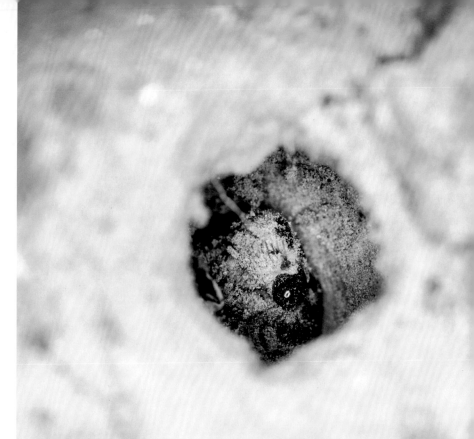

扫码观看
蝉的若虫形态

2

它爬上了树干，找到一个地方停了下来。这让我们有机会近距离地观察它。这只蝉的若虫已经经历过几次蜕皮，有了蝉的样子。它是棕色的，大约 3 厘米长，身上包裹着一层硬壳。

让我们换个角度来观察它。这是它的头部。两只黑黑亮亮的眼睛是它的复眼。复眼的旁边有两只小小的触角，圆圆鼓鼓的头顶上还长着细毛。

它爬上一根折断的枯枝，这让我们可以看清它头下方那根紧贴胸部、细细长长的锐利口器。这是它的嘴，是一种被称为刺吸式的口器，下唇延长成喙状，上、下颚都特化成针状，里面有食管与唾液管。若虫就是靠它来吸食树根的汁液。

它的胸部长有 3 对足。
1 对前足又粗又壮，还长着尖
尖的钩子；2 对后足细细长长，
上面也长着小小的钩子。

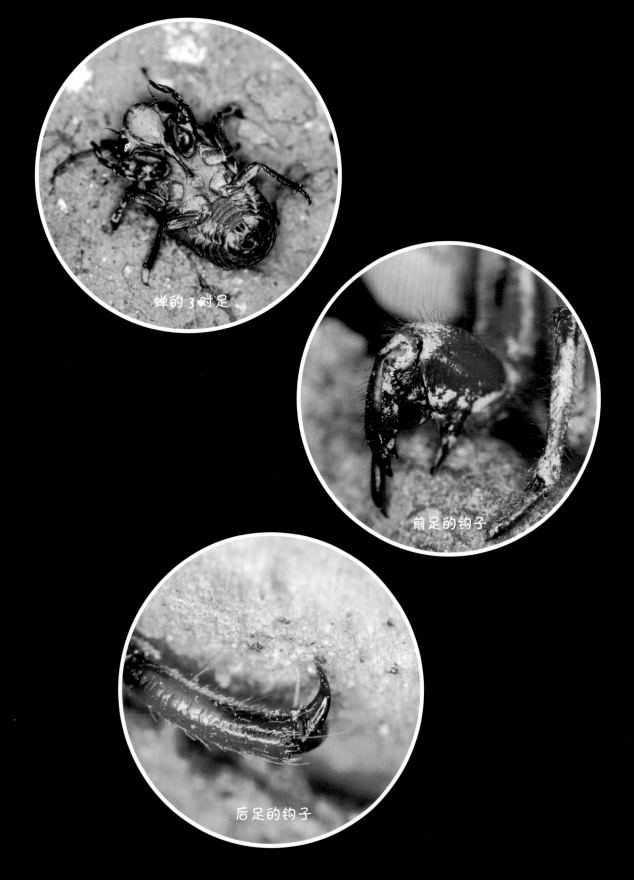

蝉的 3 对足

前足的钩子

后足的钩子

它的背部像披着 2 片铠甲，正中间有一条深色的线。

在它的身体两侧，还各长
着小小的像翅膀一样的甲片。
它的腹背部鼓鼓的，有
一圈一圈的纹路。

从这个角度看，它的腹部是平的，而尾部则是尖尖的。

　　月光下，它就这样静静地趴着，2只强有力的前足钩在大树的树干上，其他几只足作为辅助也撑在树干上面。它昂着头，等待着最重要的那个时刻到来。

扫码观看

蝉的羽化

它似乎有了变化，背上的那条中线裂开了一点。

慢慢地，这个小裂口被撑大了，露出了略带绿色的背部。

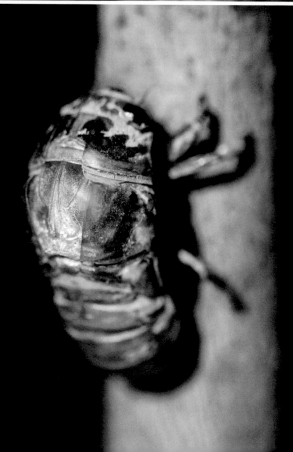

接着，我们看到它的头钻出来了，
眼睛还是又大又亮。

随着头的自由，它的嘴和2只前足也出来了。

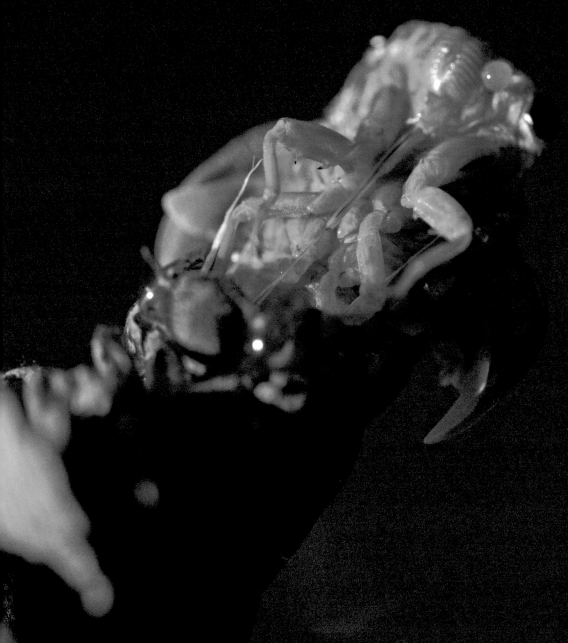

这时，我们可以看到，从那两片小小的像翅膀一样的甲片中，钻出了紧缩在一起的蝉翼。

15

随后，它的后足也慢慢出来了，只有尾部还在壳里。这时蝉蜕下来的壳会迅速变硬，蝉的整个身体都挂在这个刚蜕下来的硬壳上。

　　它用前足抓住硬壳，用力一挣，将尾部从壳中解脱出来。它攀援着硬壳，慢慢伸展开自己的双翼。长达一个多小时的蜕皮终于完成了。

这时的蝉湿润、柔软，和之前的模样有着极大的不同。

扫码观看

羽化后的形态

2个小时过去了，它就这样用两只前足挂在蝉蜕上，身体微微显露出绿色，显得那么脆弱。蝉蜕则牢牢地钩在树干上，支撑着这只成虫，除了那条裂纹几乎没有其他变化。

　　渐渐地，这只蝉的身体
开始变色了，颜色越来越深，
最终，变成了黑色。

让我们来仔细观察这只成虫。它的身体大约 4 厘米长，比较粗壮，披着一层黑色的硬壳。它有 2 对膜翼，一大一小。

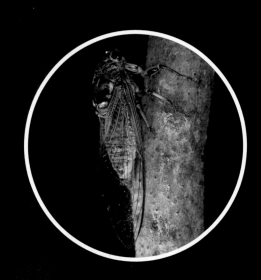

扫码观看
成虫的特征

它的头宽宽的，很短，最突出的就是那 2 只复眼。复眼是由很多只六角形的小眼组成的，所以，蝉的视力很好。在 2 只复眼的中间有 3 只小小的单眼，单眼只能感觉光的强弱，无法看到物体。

复眼

23

让我们从这个角度来观察它。你看，它的嘴细细长长的，像一根针，紧紧地贴在胸部 6 只足的中间。

饥饿或口渴时，它就会将这根又尖又硬的针扎入树干中，吸取植物的汁液。

把它放在玻璃板上，我
们可以清楚地看到它的胸部。
它的胸部有3节，前胸、中胸和
后胸，每一节上都长有一对足。
相比两对后足，前足显得更粗大
一些，但是已经不像若虫时
期那样，有粗壮的钩子。

在它的后足下面，有两片
像鱼鳞一样的器官，这是它的
发声器官。雄蝉有完整的发声
器官。所以，我们在夏天听到
的蝉鸣都是雄蝉发出的。

这是雌蝉的腹部，看，没有明显的发声器官。

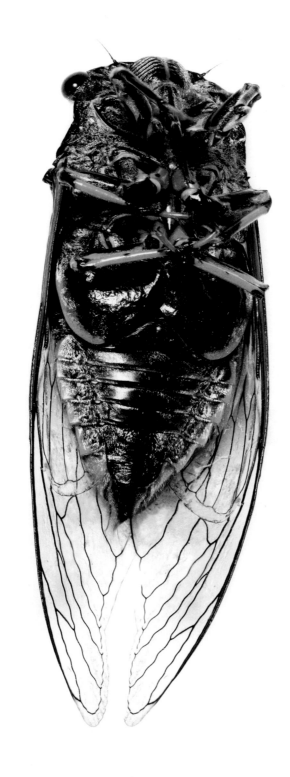

雄蝉

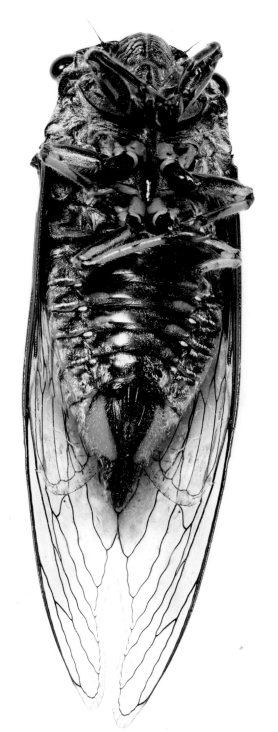

雌蝉

雄蝉和雌蝉的腹部都是一节一节的。数一数，有10个腹节呢。雄蝉的第9腹节为尾节，第10腹节上有肛门。雌蝉的第10腹节有着生产卵管，所以较为膨大。

着它的背部，和若虫时期一样，
足，硬硬的，像铠甲一样。

休息得差不多了，身体也变硬了，它快速地振动着自己的膜翼，飞上枝头。夏日的阳光照在大树上，雄蝉好像受到了鼓舞似的，竭尽全力地鸣叫着，声音越来越大。

　　某一天，一只雌蝉听到了雄蝉的鸣叫，渐渐靠近雄蝉，它们相遇了，在这一刻，它们要开始繁衍自己的后代了。而这也是雄蝉最后一次看到阳光，因为在授精之后，它就将安静地死去。

一个星期过去了，雌蝉即将产卵。它左挑右选，选择了一根细细的嫩枝。

它将针一般的产卵器插入树枝里。大约 10 分钟的时间，它就在这个小洞里产下十几枚或几十枚卵。接着，它向上爬动，重复同样的产卵过程，它可能会挖几十个小洞，总共产下 300~400 枚卵。

蝉卵是白色的，晶莹光滑，两头尖，中间宽，呈长椭圆形，长度只有1毫米。产完卵，雌蝉也完成了自己的使命，离开了这个世界。

扫码观看

蝉卵孵化了

几个月过去了，蝉卵的一端出现了 2 个明显的棕褐色小圆点。

37

又过了一段时间，蝉卵孵化了，它们的身体是乳白色的，有点发黄，能够清晰地看到6只足，特别是那对粗壮有力的前足。

随后，它们从树枝上的小洞中爬出来，不久，纷纷跌落在地上，用那两只强壮的前足挖掘泥土，钻入地下，取食植物根部的汁液。

你养过蚕吗？

你知道蚕的一生会经历哪些变化吗？

四月末，天气渐渐暖和起来，桑树叶越长越大，呈现出鲜嫩的颜色，在温暖的阳光下泛着光泽。

养蚕的时候到了！

桑林

看，这些浅黄色的小颗粒就是蚕妈妈刚刚产下的蚕卵。卵很小，直径只有1~2毫米。卵很轻，差不多2000枚卵放在一起，才有1克重。

过了一两天，卵变成了赤豆色；又过了三四天，卵变成了灰绿色或紫色。仔细看，蚕卵的中间还有一个小小的凹陷。

扫码观看

蚕卵的发育变化：
初生——三四天

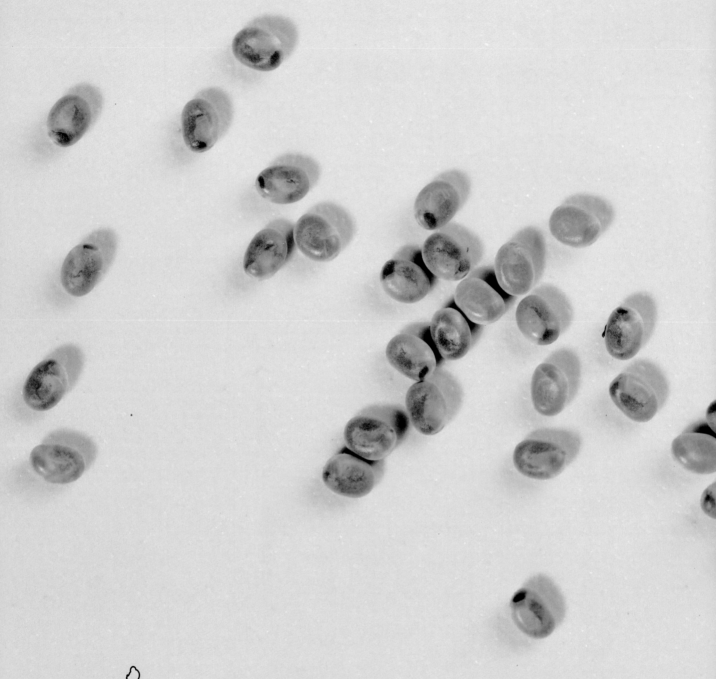

扫码观看

蚕卵的发育变化：
即将破壳

　　时间一天天过去了，蚕卵似乎有了变化，里面有什么生物在动，好像是一只小虫子弯曲着缩在卵里。

4

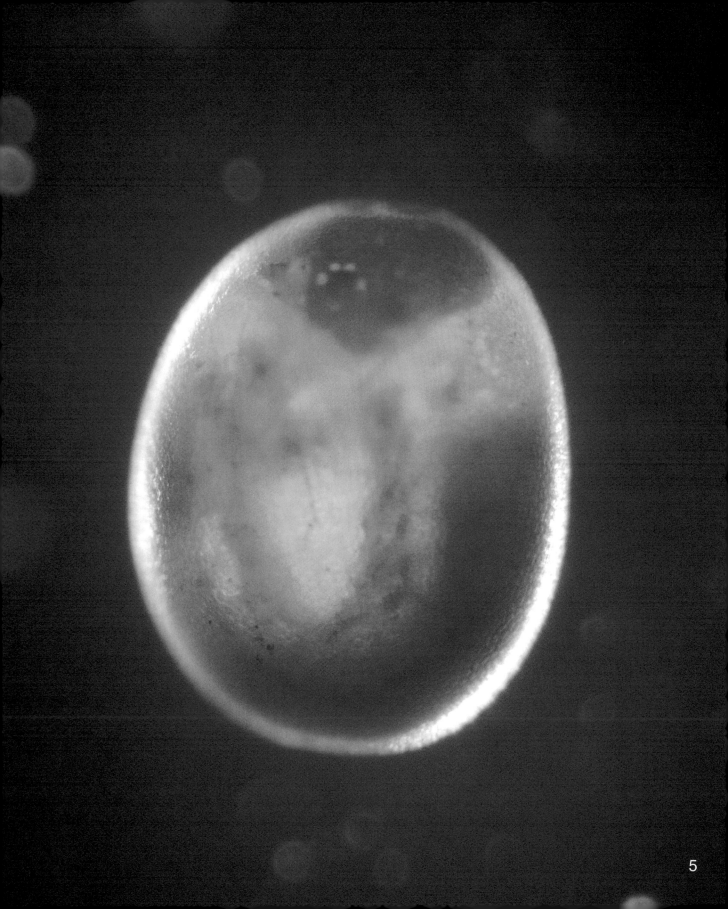

5

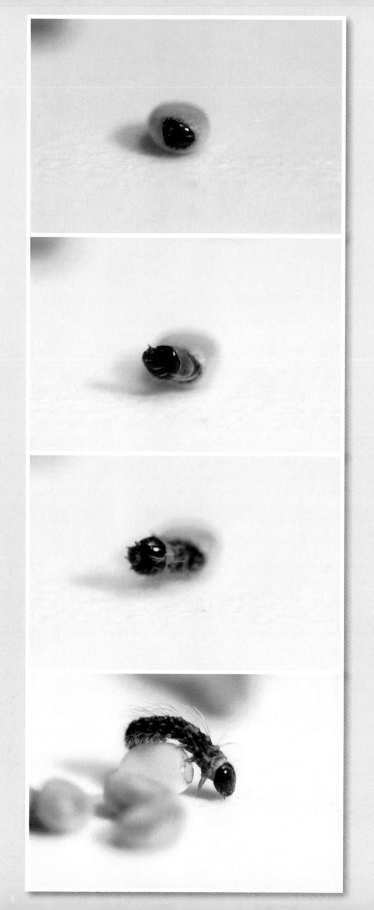

距离蚕卵被产下，差不多 10 天过去了。突然，在卵的一侧，出现了一个小洞。一个黑亮黑亮的小脑袋露了出来。接着，是它的身体。最后，是尾部。一只蚕宝宝出现了！

扫码观看

幼虫的孵化

刚刚破壳的蚕宝宝有的是褐色的，有的是黑色的。它们身上长着细细的刺毛，体长大概只有 2 毫米，体宽更是只有约 0.5 毫米，就像一只小蚂蚁。所以，这时的蚕宝宝被称为蚁蚕。它们的名字有个术语——初孵幼虫，是 1 龄幼虫的最初阶段。

卵壳硬硬的，为了从里面爬出来，蚁蚕可是费了不少力气。休息了两三个小时，蚁蚕就要吃东西了。这就是它们的食物——桑叶。

这片桑叶又鲜又嫩，对于小小的蚁蚕来说，真是丰盛的美餐。它在桑叶上爬啊爬，准备开始第一次进食。

　　它用自己的上颚一点一点地啃食着鲜嫩多汁的叶肉，努力地吃着。

扫码观看

蚁蚕的第一顿美餐

9

努力地吃，快快地长。才 2 天的时间，这只
蚁蚕就长大了 1 倍，身体的颜色也变得浅了一些。

又过了 2 天，这只蚁蚕突然一口叶子也不吃了。它翘起了前半部分身体，静静地等待着。

　　距离孵化大约过去了 5 天，这只蚁蚕开始一拱一拱地蠕动。突然，它的头壳后面裂开一个口子，蚁蚕用力向前一顶，脱掉了脑袋上的壳。它的身体不断蠕动、收缩，蜕下了一层灰色的皮。

蚕的身体长大了一些，变白了一点，身上的毛也变短了，不再像小蚂蚁的样子了，这时的蚕叫 2 龄幼虫。

扫码观看

蚁蚕蜕皮

扫码观看

2龄幼虫进食

刚刚蜕完皮的 2 龄幼虫饿极了，它开始"喀嚓""喀嚓"地吃桑叶。为了能够尽快长大吐丝，它努力地吃着桑叶，积蓄营养。

　　距离第 1 次蜕皮过去了 4 天，2 龄幼虫又经历了一次蜕皮，变成了 3 龄幼虫。这时它的身体比 2 龄时要长了 1 倍多，粗了 2 倍多。

　　3龄幼虫们需要吃更多的桑叶，看，
这么大一片叶子，一会儿就被它们啃食
得千疮百孔。

17

距离第 2 次蜕皮又过去了 4 天，3 龄幼虫再次蜕皮，成长为 4 龄幼虫。这是蚕一生中的第 3 次蜕皮。此时的它，身强体壮，饭量很大，有时一天吃下的桑叶的重量会超过它自身的体重。

天气越来越暖和了，桑树也越来越茂盛，鲜嫩的桑叶舒展着，为蚕提供了充足的食物。

19

蚕的第 4 次蜕皮是 5 天后了。成长为 5 龄幼虫的它约有 7 厘米长，体重是蚁蚕时期的 1 万倍左右！厉害吧，不到 20 天，它就长到了这么大！

扫码观看

蚕的第 4 次蜕皮

这就是5龄幼虫，它是青白色的，由头、胸、腹这几个部分组成，身体是一节一节的。

扫码观看

蚕的身体结构
与爬行

这是蚕的头部，长着短短的刺毛，中间是它的口器，口器两边有 2 个短短的触角，口器的下方是它吐丝的器官，叫作吐丝孔。你注意到触角旁边那几个小黑点了吗？那是蚕的眼睛，但这些眼睛只有简单的感光作用，是看不清东西的。

这是蚕的胸部，长着3对足，叫作胸足。胸足尖尖的，在进食时，胸足能协助口器把持桑叶。

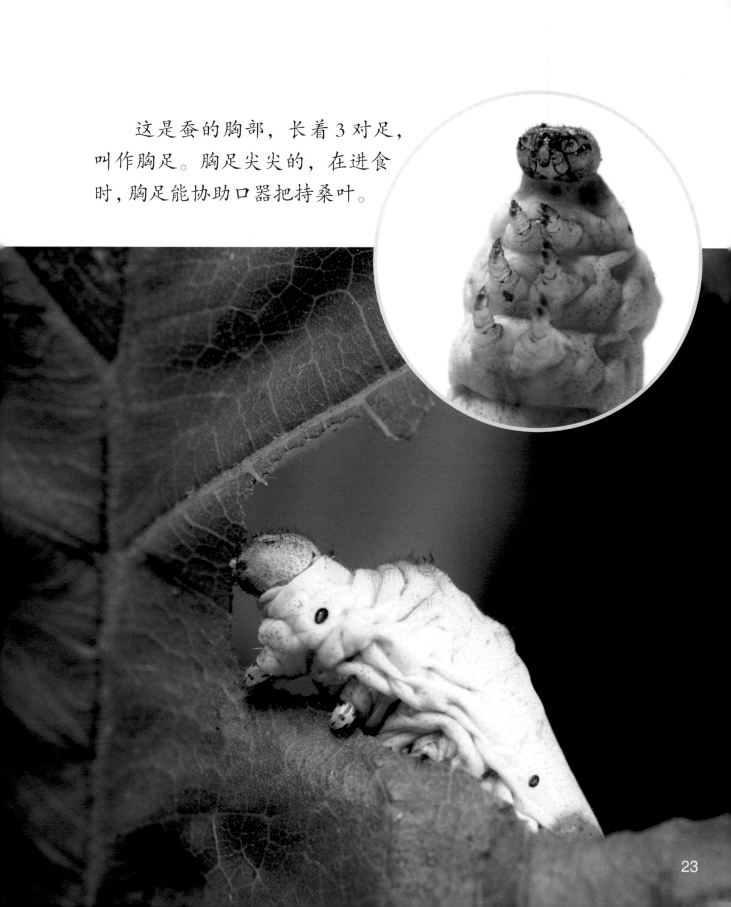

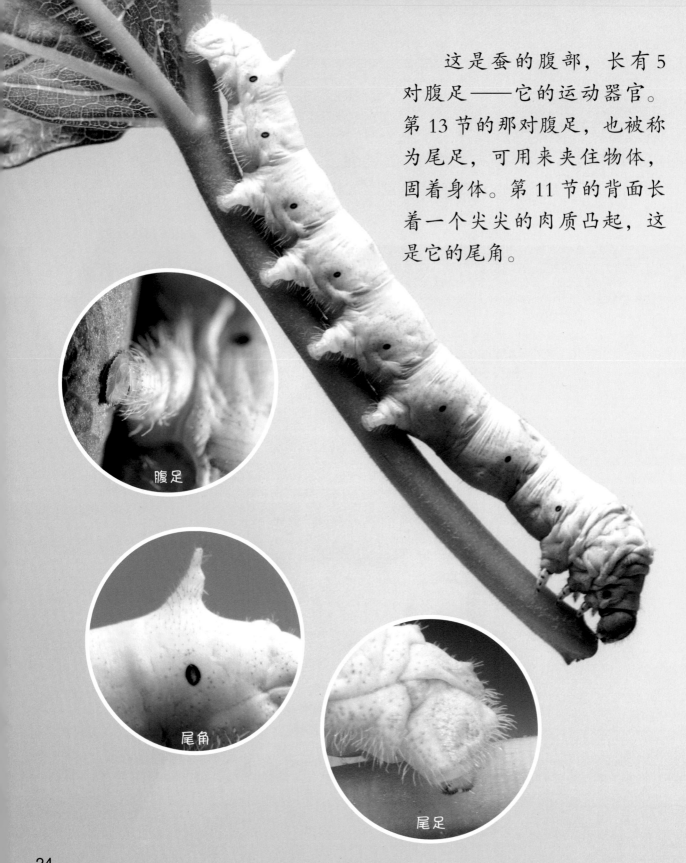

这是蚕的腹部，长有 5 对腹足——它的运动器官。第 13 节的那对腹足，也被称为尾足，可用来夹住物体，固着身体。第 11 节的背面长着一个尖尖的肉质凸起，这是它的尾角。

腹足

尾角

尾足

在蚕的后背上，有半月形的斑纹。

看到它身体侧面的黑色小圆点了吗？这是它的气孔，蚕通过它们呼吸。

扫码观看

蚕的排泄

蚕一天差不多要吃四五片桑叶。画面中那个墨绿色的小颗粒就是蚕排泄出来的尼尼。

就这样，它吃了整整一个星期。这时，它的身体有了一些变化，排出的粪便由硬变软，颜色也变浅了。

它的体长缩短了，胸腹部的颜色慢慢趋向透明。它吃得越来越少，直至停止进食。

它探头探脑，四处地爬啊爬，寻找结茧的地方。这就是它结茧的地方，养蚕人用纸板做成的小隔间。

扫码观看

蚕吐丝结茧

它吐出了一些丝，粘在小隔间的墙壁上，从一头拉向另一头。这些看起来松软凌乱的丝是它结茧用的支架。

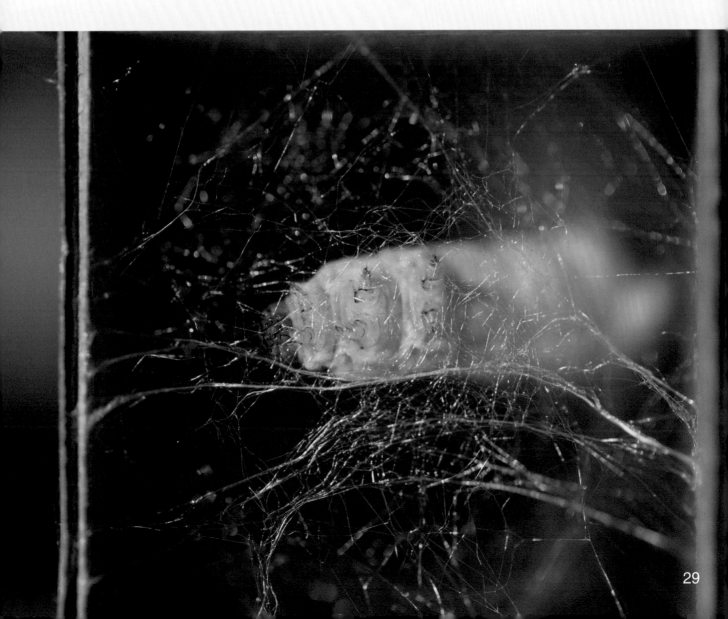

它忙了整整一个晚上，一刻不停地吐丝。它的身体越来越小，慢慢地，茧衣形成了，它的身体在茧里弯成了"C"形。

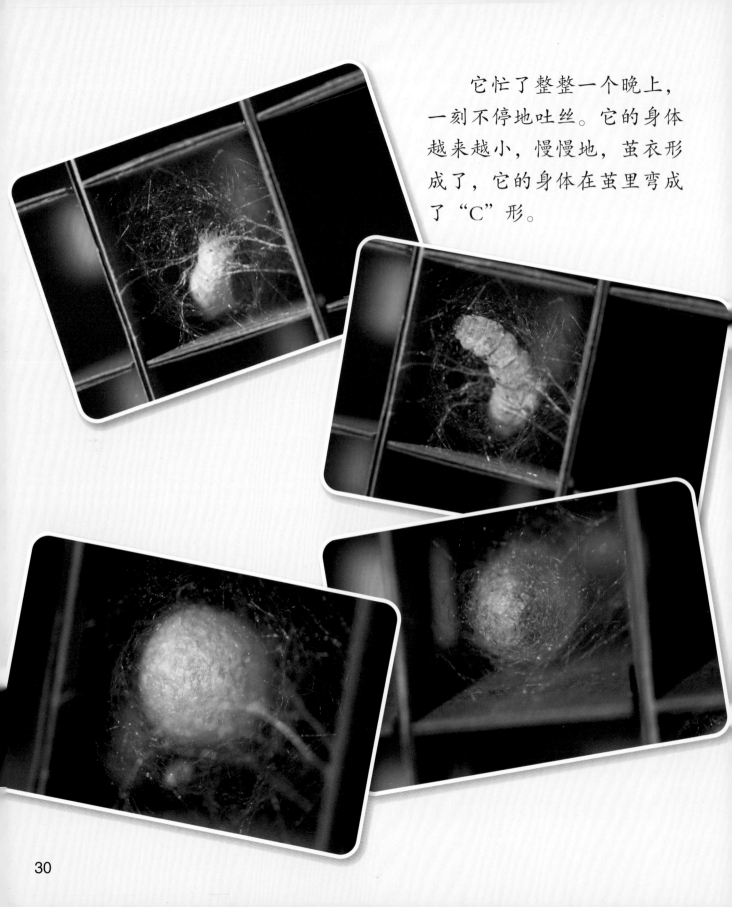

又忙碌了一个晚上，我们看不到蚕的身影了，一个白白的，椭圆形的茧形成了。

　　2天的时间，蚕变换了500多次位置，吐出了大约1500米的丝，完成了结茧的过程。

扫码观看

化蛹

　　蚕在茧里安安静静地睡着了，它的身体缩短了很多。它睡了 4 天，在茧里又经历了一次蜕皮，变成了淡黄色的蛹。

渐渐地，蛹壳的颜色变成了黄褐色，身体的形状也变成了一个长椭圆形，就像一个纺锤。

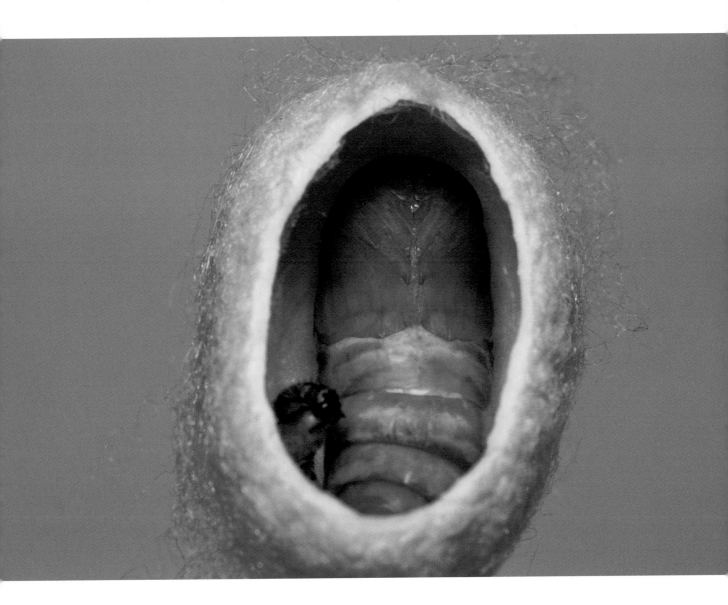

从外面看，蚕似乎在茧里静静地睡着，其实在茧的内部蚕却进行着一系列的组织解离与发育变化。

就这样，蚕"沉睡"了差不多两个星期。

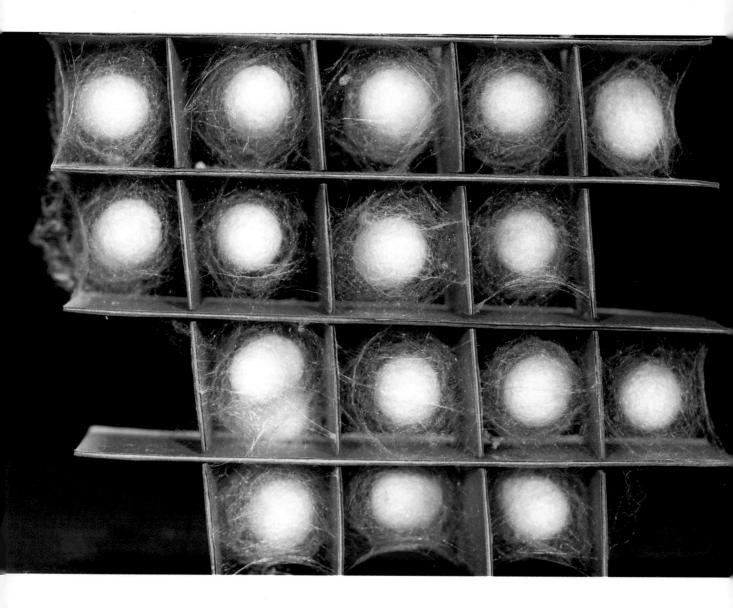